PRÉCIS

DE

COSMOGRAPHIE

PAR

THIL-LORRAIN,

professeur d'histoire et de géographie, auteur de plusieurs ouvrages d'histoire, de philosophie et de littérature.

PARIS
LIBRAIRIE DE P. LETHIELLEUX,
Bonaparte, 66.

TOURNAI
LIBRAIRIE DE H. CASTERMAN,
Rue aux Rats, 11.

H. CASTERMAN
ÉDITEUR.

PRÉCIS

DE

COSMOGRAPHIE

PRÉCIS

DE

COSMOGRAPHIE

PAR

THIL-LORRAIN,

professeur d'histoire et de géographie, auteur de plusieurs ouvrages d'histoire, de philosophie et de littérature.

PARIS
LIBRAIRIE DE P. LETHIELLEUX,
RUE BONAPARTE, 66.

TOURNAI
LIBRAIRIE DE H. CASTERMAN,
RUE AUX RATS, 11.

H. CASTERMAN
ÉDITEUR.
1862

PRÉCIS
DE
COSMOGRAPHIE.

La *cosmographie* est la science qui a pour objet la description de l'univers. Une connaissance élémentaire de cette science est indispensable pour se former une idée exacte de la terre et de ses rapports avec le reste du monde. Ce sont ces notions que nous nous proposons de donner dans ce précis.

§ I.

Nomenclature uranographique.

Les *astres* sont les divers globes dont l'ensemble constitue l'univers. Les plus remarquables sont les *étoiles,* astres qui brillent d'une lumière qui leur est propre. La plupart sont *fixes,* c'est-à-dire ne paraissent jamais se déplacer du point qu'elles occupent dans le ciel. Quelques-unes ont un *mouvement,* dont on n'est point encore parvenu à déterminer la nature. Pour faciliter leur étude, on est convenu de les réunir en *constellations* ou groupes, représentés par des *figures fictives* d'hommes, d'animaux, de plantes ou d'autres objets, dont le nom sert à les désigner. L'analogie porte à croire que les étoiles sont des soleils semblables au nôtre, qui constituent autant de *systèmes solaires.* Dans notre système solaire, les *planètes* sont des corps opaques qui tournent autour du Soleil, dont elles reçoivent leur lumière. Les *comètes* n'en diffèrent que parce qu'elles sont entourées d'une nébuleuse qui, en reflétant les rayons solaires, forme ordinairement derrière elles une longue chevelure lumineuse. Les *satellites* reçoivent leur lumière du soleil, mais tournent autour d'une planète Les *aérolithes* sont des myriades de petits corps dont la nature et les mouvements sont peu connus, et qui achèvent de peupler l'espace de notre système planétaire. Il ne faut pas les confondre avec les *astéroïdes,* qui constituent un ensemble de petites planètes formant une zone spéciale du système entre Mars et Jupiter. On appelle *nébuleuses,* des taches blanchâtres de diverses formes et de diverses grandeurs, répandues dans le ciel. Un grand nombre d'entre elles, vues au télescope, nous apparaissent comme des amas d'étoiles. La *voie lactée* est une immense nébuleuse, qui offre à l'œil au moins huit millions d'étoiles.

On appelle *orbites* des astres, les lignes courbes elliptiques qu'ils parcourent dans l'espace. L'orbite de la Terre a reçu le nom *d'écliptique,* parce que les éclipses ne peuvent avoir lieu que quand la Lune se trouve dans le plan de cette courbe. L'écliptique coupe *l'équateur céleste*, en deux points qu'on appelle les *équinoxes.* Les cercles passant par l'équateur et les *pôles* de la sphère céleste, s'appellent *cercles horaires,* parce qu'ils correspondent aux heures où les étoiles passent au méridien. On les compte à partir de celui qui croise l'équateur au point appelé *équi-*

noxe de printemps. Le *diamètre apparent* d'un astre est celui du petit cercle sous lequel il se montre à nous dans son éloignement. Le point de l'ellipse où une planète, dans sa révolution, est le plus rapprochée de son Soleil, s'appelle *périhélie ;* celui où elle en est le plus éloignée, *aphélie* Une planète est en *conjonction* avec le Soleil quand ces deux astres et la Terre se trouvent sur une ligne qui passerait par leur centre, et que la planète est entre la Terre et le Soleil ou que le Soleil se trouve entre l'astre et la Terre. Ils sont en *opposition*, chaque fois que la Terre se trouve entre le Soleil et la planète sur la ligne qui passerait par le centre des trois astres. On appelle *nœuds*, les deux points où l'orbite d'une planète rencontre celui de la Terre, et *ligne des nœuds*, la droite qui joint ces deux points. Le *périgée* est le point où un astre est le plus rapproché de la Terre ; l'*apogée*, celui où il en est le plus éloigné. Le *méridien céleste* d'un lieu donné est celui qui passe par le *zénith* et le *nadir* de ce lieu, c'est-à-dire par le prolongement jusqu'à la sphère céleste du diamètre passant par ce lieu et par le centre de la Terre. L'*horizon céleste* est un grand cercle dont le plan est perpendiculaire à ce diamètre et passe soit par le centre de la Terre, soit par le pied du spectateur, car ces deux plans parallèles se confondent dans l'immensité. Par *hauteur méridienne* d'un astre, on entend l'*arc* du méridien compris entre le plan d'horizon et cet astre; par *hauteur du pôle*, l'angle formé par le plan d'horizon et celui qui passerait par les pôles célestes, angle qui doit être mesuré sur le méridien passant par le zénith du spectateur. La *hauteur de l'équateur* est l'angle formé par le plan d'horizon et un plan parallèle à celui de l'équateur passant par le lieu où se trouve le spectateur. Elle est donc toujours le *complément* de la hauteur des pôles, puisque leur somme donne un angle droit. La partie d'un méridien céleste passant par le centre d'une étoile, comprise entre cet astre et le plan de l'équateur, s'appelle *déclinaison* de cet astre. L'arc de l'équateur compris entre le plan du premier méridien passant par l'équinoxe de printemps et celui du méridien céleste passant par un astre quelconque, est *l'ascension droite* de cet astre. La déclinaison est *australe* ou *boréale,* selon que l'astre est au nord ou au sud de l'équateur. Quant à l'ascension droite, on la compte sur l'équateur d'orient en occident de 0° à 360°.

Les *mouvements réels* d'un astre, sont ceux qu'il exécute réellement, soit sur lui-même soit autour du Soleil qui lui sert de foyer. Les *mouvements apparents* sont ceux que le Soleil et les étoiles semblent décrire autour de la Terre, où se trouve l'observateur, mais qu'ils n'exécutent pas en réalité. Le *mouvement diurne* est la révolution complète que la sphère céleste, avec les astres qu'on y aperçoit, semble exécuter autour de la Terre en 24 heures d'orient en occident, et qui détermine la durée d'un jour. Le *mouvement annuel* est celui que le Soleil semble exécuter d'occident en orient dans l'espace d'une année. Les *perturbations* des planètes consistent dans les variations soit des lignes elliptiques que décrit une même planète, soit de la vitesse même de son mouvement, par suite des attractions diverses et réciproques le tous les astres du système. Ces variations font que, chaque année, les planètes décrivent une ellipse nouvelle, tiraillée par une infinité d'ondulations en tous sens, mais dont les *déviations* ne dépassent pas d'étroites limites. On distingue les *inégalités séculaires*, qui ne ramènent une planète dans une même position du ciel qu'après un certain nombre de siècles, et les *inégalités cycliques*, beaucoup plus courtes que les premières, après lesquelles les planètes se retrouvent entre elles dans une situation semblable à celle du moment où la variation a commencé pour l'observateur, mais jamais complètement identique. Notre système planétaire oscille ainsi autour d'un *état moyen* dont il ne s'écarte jamais que d'une très-petite quantité, en sorte que notre globe est préservé de variations considérables de température moyenne qui pourraient nuire au développement de l'espèce humaine. L'*aberration* consiste en ce que toutes les étoiles paraissent décrire annuellement autour de leur position moyenne une petite ellipse, due à la résultante de la vitesse de leur lumière et de celle du mouvement de la Terre, qui est environ 10,000 fois moindre que la première. Par un autre effet, les rayons lumineux qui émanent de l'astre éprouvent, en entrant dans l'atmosphère terrestre, une *réfraction*, qui a pour résultat de les faire paraître plus élevés sur l'horizon qu'ils ne le sont en réalité. La *parallaxe*, c'est-à-dire la moitié de l'angle sous lequel le globe terrestre serait vu d'un astre donné, a au contraire pour effet de les faire paraître moins élevés sur l'horizon rationnel qu'ils ne le sont réellement. La connaissance de la parallaxe d'un astre et du rayon de la Terre suffit pour *déterminer la distance* de cet astre à la Terre par une simple opération trigonométrique. Mais à mesure que la distance augmente, la parallaxe devenant plus petite, sa détermination présente plus de difficultés. Pour les étoiles fixes, elle est absolument nulle.

Les diverses manières dont les astronomes ont cherché à expliquer les mouvements des astres, prennent le nom de *systèmes du monde.* On en compte trois principaux : Le *système de Ptolémée,* qui plaçait la Terre immobile au centre du monde, et faisait tourner autour d'elle le ciel et tous les astres ; le *système de Tycho-Brahé,* faisant tourner les étoiles, le Soleil et la Lune autour de la Terre immobile, mais les planètes et les comètes autour du Soleil ; le *système actuel,* connu des Indiens, des Egyptiens, enseigné par Pythagore, renouvelé au IXe siècle de notre ère, vulgarisé par Copernic, qui regarde chaque étoile comme un soleil, et fait tourner la Terre, les planètes et les comètes autour du nôtre. Les *sphères armillaires* sont des machines destinées à faciliter l'explication des systèmes du monde, dont elles reproduisent en petit le mécanisme d'après chaque hypothèse.

—

§ II.

Des étoiles.

Le *nombre* des étoiles répandues dans l'immensité des cieux est incalculable. On peut en compter jusqu'à cinq mille à l'œil nu, des milliards à l'aide du télescope. Elles sont ordinairement *classées* d'après leur éclat apparent, que l'on nomme leur *grandeur*. Ces grandeurs ne se manifestent à nos regards que par l'intensité de leur lumière, nullement par un diamètre apparent quelconque. Plus le télescope employé est parfait, plus l'étoile tend à se réduire à un simple point, qu'un fil d'araignée éclipse totalement. On en compte 15 de première grandeur ; ce sont : *Sirius* (Grand-Chien) ; l'*Epaule* orientale d'Orion ; *Rigel*, pied occidental d'Orion ; *Aldébaran*, œil du Taureau ; la *Chèvre* et la *Lyre ; Arcturus*, dans le Bouvier ; *Antarès*, cœur du Scorpion ; *Régulus*, cœur du Lion ; *Procyon* (Petit-Chien) ; *Fomahaut*, bouche du poisson austral ; le *Cœur* de l'Aigle ; la *Queue* du Cygne ; l'*Epi* de la Vierge. On en désigne 70 de seconde grandeur, plus de 300 de troisième grandeur, et 70,000 des dix premières grandeurs.

La *scintillation* des étoiles consiste dans un tremblement continuel dont leur lumière nous paraît agitée, tremblement qui est nul ou très-faible pour les planètes. On attribue ce phénomène aux molécules de vapeurs qui passent entre l'œil et ces astres, car il est d'autant moindre que le ciel est plus serein, et n'existe presque pas dans les contrées arides et désertes. Il faut se garder de confondre la scintillation des astres avec leur *irradiation* ou leur rayonnement lumineux, semblable à une auréole, et qui, par son effet sur l'œil, nous les fait paraître plus grands que s'ils étaient vus à travers le télescope. On a remarqué dans les étoiles des variations d'*éclat et de couleur*, à tel point que quelques-unes ont diminué d'éclat jusqu'à disparaître totalement pour ne plus reparaître depuis; d'autres, au contraire, après s'être évanouies, se remontrent et croissent de nouveau en éclat, phénomène qu'il faut, sans doute, attribuer à la circulation de planètes autour de ces astres; enfin, il en est qui passent de l'éclat le plus blanc au rouge vif, puis semblent éclater et disparaissent aussi, sans doute consumées par un vaste incendie. Dans certains groupes, spécialement dans les *étoiles doubles*, on voit ces astres *changer de position* les uns par rapport aux autres, en vertu de révolutions elliptiques semblables à celles de nos planètes.

Toutes les étoiles sont *distribuées*, par rapport à nous, dans un espace de forme lenticulaire, dont notre globe occupe sensiblement le centre, et dans lequel notre soleil, avec son système planétaire, se trouve comme perdu et ne forme plus qu'un point imperceptible. La distance des étoiles à la Terre est prodigieuse, mais ne peut être précisée, à cause de l'imperfection de nos moyens d'évaluation. Si l'étoile de Sirius nous apparaissait, comme quelques-uns le croient, sous une parallaxe d'une seconde, elle serait encore éloignée de nous de 6 trillions, 720 billions de lieues, et sa lumière, qui parcourt 310,000 kilomètres par seconde, mettrait plus de trois ans à nous parvenir.

Les astronomes attachent peu d'importance aux *groupes constellaires* représentés par la haute antiquité sous la forme d'hommes, d'animaux, de plantes ou d'autres objets. Ils s'en servent cependant pour désigner, d'une manière abrégée, les étoiles remarquables, en joignant au nom de la constellation des lettres grecques attribuées à chacune des étoiles qui la composent. Mais les historiens et les mythographes y attachent la plus haute importance, parce qu'ils y puisent le moyen d'interpréter tous les dogmes symboliques des anciennes mythologies[1]. Le moyen le plus simple pour *apprendre à les connaître,* consiste à employer un globe céleste, sur lequel se trouvent tracés des *alignements* passant par des étoiles bien connues, et à le comparer avec le ciel pendant les différentes saisons de l'année.

Cent trente ans avant notre ère, Hipparque fit un catalogue général des étoiles, dans lequel on trouve 42 constellations : 25 septentrionales, 12 zodiacales et 15 méridionales. Aux premières, les modernes en ont ajouté quatre ; aux secondes, deux ; les *Pléiades* et les *Hyades*, mais qui se trouvent dans le Taureau ; aux troisièmes, douze, découvertes par les voyageurs dans l'hémisphère austral.

Les 25 constellations septentrionales sont : La *Grande-Ourse*, la *Petite-Ourse*, le *Dragon*, *Céphée*, *Cassiopée*, *Pégase*, *Andromède*, *Persée*, le *Cocher*, la *Giraffe*, le *Triangle boréal*, le *Lynx*, le *Petit-Lion*, le *Bouvier*, la *Chevelure de Bérénice*, la *Couronne*

[1] Pour l'intelligence de ceci, et du parti qu'on peut tirer de l'année séculaire dans l'explication des nombres sacrés et des mythes, voyez la *Nouvelle symbolique par Paul Renand*.

boréale, la *Flèche*, la *Lyre*, le *Cygne*, l'*Aigle*, *Antinoüs*, le *Dauphin*, *le Petit-Cheval*, le *Serpentaire* et le *Serpent*.

Les 12 constellations zodiacales d'Hipparque sont : Le *Bélier*, le *Taureau*, les *Gémaux*, l'*Ecrevisse* ou *Cancer*, le *Lion*, la *Vierge*, la *Balance*, le *Scorpion*, le *Sagittaire*, le *Capricorne*, le *Verseau* et les *Poissons*. Ces constellations portent les mêmes noms que les *douze signes du zodiaque*, mais il faut se garder de les confondre avec eux. Les *signes* sont chacun de 30 degrés, tandis que les *constellations* occupent dans le ciel des espaces qui ont tantôt plus, tantôt moins que trente degrés. De plus, les constellations ne coïncident plus actuellement avec les signes qui portent leurs noms. Cette coïncidence dut avoir lieu il y a environ deux mille ans, et la *constellation du Bélier* se trouvait à cette époque, comme le *signe du Bélier*, dans la première partie de l'écliptique, à l'équinoxe de printemps. Mais, comme nous le verrons bientôt, les équinoxes rétrogradant d'un peu plus de 50" par année, la constellation du Bélier a déjà rétrogradé de tout un signe depuis l'époque où elle entra dans l'équinoxe, en sorte que le *signe du Bélier*, continuant à porter ce nom, se trouve maintenant dans la constellation des Poissons.

Les principales constellations méridionales sont : La *Baleine*, le *Poisson austral*, *Orion*, le *Grand-Chien*, le *Petit-Chien*, l'*Ecrevisse*, le *Lièvre*, l'*Hydre*, le *Corbeau*, la *Coupe*, le *Navire*, la *Licorne*, le *Centaure*, le *Loup*, le *Solitaire*, le *Télescope*, l'*Autel*, la *Couronne australe*, la *Grue*, le *Phénix*, le *Paon*, le *Triangle austral*, le *Poisson-volant*, la *Dorade*, l'*Indien*, la *Mouche australe*, l'*Hydre mâle*, le *Caméléon*. Les sept dernières ne sont jamais visibles à Paris.

§ III.

Du Soleil.

Le Soleil est un astre de la même nature que les étoiles, mais beaucoup plus rapproché de nous. Il est quatorze cent mille fois plus gros que la Terre, et son diamètre est de 319,314 lieues. Cet astre paraît être assujetti à deux mouvements : l'un de rotation sur lui-même, qu'il effectue dans l'espace d'environ 25 jours terrestres ; l'autre dans l'espace, autour d'un centre encore inconnu et selon une ellipse prodigieuse mais indéterminable dans l'état actuel des sciences astronomiques.

On croit que cet astre se compose : 1° d'un noyau dont l'état d'ignition ou de solidité, d'obscurité ou de lumière, est encore un problème ; 2° d'une atmosphère opaque, analogue à la nôtre mais plus dense, et répandue dans une immense étendue ; 3° d'une dernière atmosphère lumineuse et calorifique, qu'on croit n'être que le résultat de phénomènes électro-magnétiques, semblables à ceux qui, sur notre globe, produisent les aurores boréales. Quand cette atmosphère de lumière se déchire, la seconde nous apparaît sous forme de taches obscures et variables.

—

§ IV.

Des planètes en général.

Il n'est pas probable que nous connaissions toutes les planètes de notre système solaire. Les anciens en connaissaient sept, y compris la Lune, notre satellite, et le Soleil qu'ils croyaient tourner autour de la Terre. Les regardant comme autant de dieux, ils divisèrent, en leur honneur, la semaine en sept jours. Ceux-ci prirent les noms de ces planètes et les conservèrent jusqu'aujourd'hui, à l'exception du premier, qui reçut des chrétiens le nom de *Dies dominica* (Dimanche). Ce sont *soldi* (Solis dies), *lundi* (Lunæ dies), *mardi* (Martis dies), *mercredi* (Mercurii dies), *jeudi* (Jovis dies), *vendredi* (Veneris dies), *samedi* (Saturni dies). Les *lois* qui président à notre système planétaire ont été découvertes par Kepler et Newton. Le premier a établi que : 1° les rayons des orbites elliptiques des planètes dont le Soleil est le foyer, décrivent autour de cet astre des aires proportionnelles au temps; 2° les carrés des temps des révolutions des planètes autour du Soleil sont dans le même rapport que les cubes des grands axes de leurs orbites. Des lois précédentes, Newton a déduit les trois suivantes : 1° les planètes se meuvent autour du Soleil en vertu d'une *loi d'attraction* qui équilibre la force centrifuge de la planète ; 2° cette loi est en *raison inverse* du carré des distances ; 3° elle est en *raison directe* des masses.

Restait à trouver la loi des distances. Bode crut y

être parvenu par une voie tout artificielle et de hasard, qui consiste à ajouter 4 aux nombres suivants : 0, 3, 6, 12, 24, 48, 96, 192, ce qui donnait 4, 7, 10, 16, 28, 52, 100, 196. Cette loi est démentie pour le nombre 28, où se trouvent, entre Mars et Jupiter, un grand nombre d'astéroïdes placés à distances diverses les uns des autres, quoiqu'elle ait contribué à les faire découvrir, et pour Neptune qui y échappe complètement.

Les planètes actuellement connues peuvent se partager en trois groupes : le groupe intérieur aux astéroïdes, le groupe de ceux-ci, et le groupe extérieur. Les premières sont Mercure, Vénus, la Terre et Mars ; elles sont caractérisées par leurs masses peu différentes entre elles, leurs densités assez considérables, et l'absence de satellites à l'exception de la Terre. Ce groupe sera peut-être accru par une planète que l'on croit circuler entre le Soleil et Mercure, vu les perturbations inexpliquées qu'éprouve celui-ci. Le groupe des astéroïdes connus continue à s'accroître d'année en année. Le groupe extérieur se compose de Jupiter, Saturne, Uranus et Neptune. Il diffère du premier groupe par la grandeur des masses, la faiblesse relative de leurs densités, et le nombre des satellites de chaque planète. Il est probable que l'avenir nous réserve encore la connaissance d'autres planètes au-delà de Neptune, et la plus voisine à découvrir a déjà reçu le nom de Pluton.

---

§ V.

Mercure.

Cette planète a 1,266 lieues de diamètre, et est éloignée du Soleil de 13 millions de lieues. Elle tourne sur son axe en 24 de nos heures et quelques minutes, et autour du Soleil en 88 jours. Sa vitesse est de 667 lieues par minute. Sa distance moyenne au Soleil est des deux cinquièmes de celle du Soleil à la Terre (13,360,000 lieues) Mercure nous apparaît avec des phases successives analogues à celles de notre lune, mais dont les bords mal terminés indiquent l'existence d'une atmosphère. Schrœter prétend que les montagnes qu'il y a observées doivent être au moins deux fois aussi hautes que les nôtres, ce qui est très-vraisemblable. Son volume est seize fois plus petit que celui de la Terre. La couleur argentée de cette planète, sa petitesse et son rapprochement du Soleil la rendent très-difficile à observer. Sa chaleur ordinaire doit être sept fois plus forte que celle que nous éprouvons en été, et la lumière y est dans le même rapport. Mercure présente des phases comme la Lune, et comme il est une planète *inférieure* ou plus rapprochée que nous du Soleil, la Terre ne peut jamais se trouver placée entre le Soleil et lui. Mercure n'a donc point d'*opposition;* mais il a deux *conjonctions:* l'une *supérieure,* quand il est pour nous au-delà du Soleil ; l'autre *inférieure,* quand il se trouve entre le Soleil et nous : et s'il fait *éclipse,* il nous apparaît sur le disque du Soleil comme une petite tache noire.

§ VI.

Vénus.

Cette planète a 2,748 lieues de diamètre, est éloignée du Soleil de 25 millions de lieues, tourne sur elle-même en un peu moins de 24 heures, et autour du Soleil en 224 de nos jours et 16 heures. Sa vitesse est de 488 lieues par minute. Comme Mercure et la Lune, elle nous présente diverses phases, passant par toutes les formes intermédiaires entre celles d'un croissant délié et d'un disque complet. Ce disque est entièrement éclairé quand il se trouve pour nous au-delà du Soleil ; il est entièrement obscur, quand il se trouve entre le Soleil et nous, et, dans ce cas, s'il fait *éclipse*, il nous apparaît aussi sur le disque du Soleil comme une petite tache noire. Ces passages donnent le moyen le plus exact de mesurer la distance du Soleil à la Terre. Vénus a donc aussi, et d'une manière beaucoup plus marquée, deux *conjonctions* et point d'*opposition*. La chaleur et la lumière y doivent être deux fois plus fortes que sur la Terre. Elle est entourée d'une atmosphère analogue, pour la densité et l'étendue, à celle de la Terre. Ses montagnes seraient six fois plus élevées que les nôtres, selon Schrœter. Vénus s'appelle *étoile du matin* à son lever, *étoile du soir* ou du *berger* à son coucher. Elle est un peu plus petite que la Terre, neuf fois plus grosse que Mercure, et possède une lumière blanche et fort vive.

§ VII.

La Terre et la Lune. — Le calendrier.

La Terre a la forme d'une sphère légèrement aplatie aux deux pôles et renflée à l'équateur. Son diamètre est de près de 3,000 lieues, sa circonférence de 9,000, et sa distance au Soleil de près de 35 millions. Sa vitesse dans l'espace est de 415 lieues par minute. Son atmosphère lui donne une belle couleur *bleue*, parfois illuminée d'éclairs et d'aurores boréales, dues à l'action électro-magnétique du globe. Son *jour sidéral*, toujours de 24 heures, est mesuré par deux passages d'un méridien sous la même étoile. Son *jour solaire* comprend le temps écoulé entre le passage du même méridien sous le Soleil ; il est plus long à l'époque de l'aphélie qu'à celle du périhélie. Le *jour moyen* consiste dans la compensation des inégalités de tous les jours solaires entre eux, de manière à les rendre égaux en temps. Il n'est que de 23 heures, 56', 4", et se règle au moyen d'une pendule. L'*équation du temps* est la différence qui existe entre le jour moyen et le jour solaire ou véritable, à un moment donné. L'*année sidérale* déterminée par la révolution de la Terre autour du Soleil, est de 365 jours, 6 heures 9 et 9". Elle se divise en *quatre saisons*, qui résultent de l'inclinaison que forme l'axe de la Terre avec le plan de l'écliptique. Pendant que la Terre présente successivement au Soleil les points compris entre l'équateur et le tropique du Cancer, notre hémisphère a le *printemps ;* l'autre, l'*automne*. Lorsqu'elle présente de nouveau les mêmes points en sens inverse, c'est-à-dire à partir du tropique du Cancer jusqu'à l'équateur, nous avons l'*été;* l'autre hémisphère a l'*hiver*. Pendant qu'elle présente au Soleil les points qui s'étendent de l'équateur au tropique du Capricorne, nous avons l'*automne;* l'autre hémisphère a le *printemps*. Enfin tandis que la Terre présente de nouveau au Soleil ces mêmes points en sens inverse, depuis le tropique du Capricorne jusqu'à l'équateur, nous avons l'*hiver;* l'autre hémisphère est en *été*. Lorsque la Terre présente au Soleil les points situés sur les tropiques, il y a *solstices*, et elle se trouve à l'aphélie ou au périhélie. Lorsqu'elle lui présente ceux qui se trouvent à l'équateur, il y a *équinoxes*. Notre *solstice d'été* est le *solstice d'hiver* de l'autre hémisphère, et réciproquement ; comme notre *équinoxe de printemps* est l'*équinoxe d'automne* de l'hémisphère austral, et réciproquement. Remarquons que la Terre présente pendant huit jours plus longtemps au Soleil les parties situées dans l'hémisphère boréal, que celles qui se trouvent dans l'hémisphère austral.

Au premier abord, il semblerait, d'après ce qui précède, que les plus fortes chaleurs devraient avoir lieu au solstice d'été (21 juin), et les plus grands froids au solstice d'hiver (21 décembre). S'il n'en est pas ainsi, c'est que la Terre, qui a été refroidie l'hiver, reste longtemps à s'échauffer et n'acquiert sa température la plus haute qu'après avoir reçu pendant longtemps les rayons perpendiculaires du Soleil; c'est ainsi que l'instant le plus chaud de la journée n'est pas à midi, mais vers deux ou trois heures. Une raison analogue, mais inverse, explique pourquoi les plus grands froids n'ont pas lieu précisément au solstice d'hiver, mais entre cette époque et l'équinoxe de printemps.

Observons encore que l'influence d'attraction des diverses planètes de notre système solaire sur la Terre, imprime à celle-ci un mouvement qui tend à *diminuer l'obliquité du plan de l'écliptique* sur celui de l'équateur terrestre. Cette diminution d'inclinaison, qui est de 48" par siècle, se continue pendant une durée de temps considérable, après laquelle l'*obliquité redevient croissante*, jusqu'au moment où elle commence à décroître de nouveau, sans que l'écartement de l'angle de cette oscillation puisse jamais atteindre 1° 21'. Ces périodes de croissance et de décroissance embrassent un grand nombre de siècles, pendant lesquels les pôles terrestres décrivent autour des pôles de l'écliptique une ellipse que l'on appelle *nutation* de la Terre. Ces deux espèces de mouvement, combinées avec les mouvements propres de la Terre et les aberrations que produit dans ceux-ci le renflement équatorial du globe, déterminent un changement continuel dans les nœuds de l'écliptique, c'est-à-dire dans les endroits où ce cercle coupe l'équateur et qui forment les deux points des équinoxes. Il en résulte que les *points équinoxiaux* rétrogradent sur l'écliptique d'une manière continuelle et régulière, quoiqu'avec une extrême lenteur (50" 10''' par année), dans la direction de l'est à l'ouest, c'est-à-dire dans une direction inverse de celle de la marche de la Terre autour du Soleil dans le cercle de l'écliptique ; de cette manière l'équinoxe de printemps est chaque année en avance de 50" 10"', sans que la révolution annuelle de la Terre (ou son année sidérale) ait eu moins de durée réelle. C'est ce qu'on appelle *précession des équinoxes*, et la durée d'une équinoxe à l'autre s'appelle *année tropique*. L'effet apparent de cette précession par rapport aux constellations zodiacales, c'est de faire arriver chaque année les équinoxes lorsque la Terre n'est plus en face du même point de la même constellation que l'année précédente. Pendant le temps de l'année tropique, les étoiles ont donc paru marcher dans un sens contraire à celui de la Terre, c'est ce qu'on appelle le *mouvement du ciel*, mouvement qui n'est qu'apparent, mais qui semble décrire le tour entier de l'écliptique dans une période de 25,868 ans, qui forme le *grand cycle séculaire*.

La *Lune* est le seul satellite apparent de la Terre. Selon qu'elle est le plus éloignée (*apogée*) ou le plus rapprochée (*périgée*) de la Terre, elle nous apparaît plus petite ou plus grosse, en sorte que son *diamètre apparent* varie de 29' 22" à 33'. Son *diamètre réel* est de 782 lieues; elle est donc environ 49 fois plus petite que la Terre, dont elle est *éloignée* de 85,782 lieues. Sa *couleur* est celle de l'argent tirant sur le rouge. Elle est parsemée de taches qui sont les ombres projetées par ses montagnes, dont les sommets brillent quelque temps d'une lumière très-vive, laquelle s'éteint ensuite au milieu des ombres projetées. Ces ombres suivent l'inclinaison des rayons solaires jusqu'à s'évanouir complètement, et, d'un autre côté, le bord opposé de la partie éclairée, qui devrait offrir l'apparence d'une ellipse bien tranchée si la

Lune était une sphère parfaite, se montre toujours avec des déchirures et des dentelures profondes qui indiquent des enfoncements et des points proéminents. D'après la mesure des ombres prise dans les circonstances les plus favorables, on a pu calculer la hauteur de plusieurs montagnes ; la plus élevée a 2,800 mètres de hauteur perpendiculaire. Ces montagnes occupent la plus grande partie de la surface de la Lune, car leur nombre est immense, et elles sont toutes disposées en forme de coupes ou de cratères volcaniques. La Lune n'a ni nuage ni réfraction lumineuse, ni rien qui indique une atmosphère. Elle doit donc passer subitement des chaleurs les plus brûlantes, qui durent 15 jours, à des froids excessifs qui durent le même laps de temps, et les organismes végétaux ou animaux, s'il s'y en trouve, doivent avoir de tout autres modes d'existence que ceux de notre globe.

La révolution de la Lune sur elle-même s'accomplissant dans le même espace de temps que sa *révolution périodique* autour de la Terre, il en résulte qu'elle présente toujours le même hémisphère à notre globe. Cette révolution de la Lune autour de sa planète se fait dans l'espace de 27 jours, 7 heures 43' et 5" ; il faut environ deux jours de plus pour que la Lune rejoigne le Soleil dans le ciel, parce que ce dernier astre semble aussi, quoique plus lentement, s'avancer vers l'orient. On appelle *révolution synodique, mois lunaire* ou *lunaison*, l'intervalle compris entre deux correspondances successives de la Lune au Soleil; cet intervalle est de 29 jours, 12 heures 44' et 3". Le plan de l'orbite lunaire coupe obliquement celui de l'écliptique, et il est à remarquer que la *ligne des nœuds,* suivant laquelle cette section s'opère, change continuellement de direction. Ce mouvement de la ligne des nœuds se fait en sens contraire de l'ordre des signes zodiacaux, et il est très-rapide, puisque les nœuds parcourent ainsi dans une année un arc rétrograde de 19° 20', ce qui donne une révolution complète ou de 360° en 18 ans et 7 mois et demi environ. Cette période, déterminée pour la première fois par Méton, 432 ans avant notre ère, a reçu des Grecs le nom de *cycle d'or.* Le *nombre d'or* indique en quelle année on est de ce cycle. Le mouvement de la Lune dans son orbite n'est donc pas uniforme, tandis que son mouvement de rotation sur elle-même l'est complètement. De ces deux mouvements différents, il résulte que nous découvrons dans la Lune une zone de quelques degrés au-delà du seul hémisphère qu'elle nous présente, tantôt à l'orient, tantôt à l'occident, tantôt aux pôles, phénomène connu sous le nom de *libration* en longitude et en latitude.

Les *phases* de la Lune sont les divers aspects sous lesquels elle nous apparaît dans sa révolution autour de la Terre. Quand elle passe entre la Terre et le Soleil, elle n'est pas aperçue, parce que celui de ses côtés qui est tourné vers nous ne se trouve pas éclairé ; il y a alors *nouvelle lune* ou *conjonction,* ou encore *néoménie.* Pendant qu'elle continue sa révolution autour de la Terre, la partie qui est tournée de notre côté est progressivement éclairée ; nous apercevons d'abord un croissant lumineux qui grandit pendant environ sept jours jusqu'à la moitié d'un hémisphère ; c'est le *premier quartier*. Pendant à peu près sept autres jours, la Lune, continuant à avancer vers l'Orient, offre au Soleil le reste de la partie tournée vers nous, en sorte que tout cet hémisphère est éclairé ; en ce moment il y a *pleine lune* ou *opposition*. Continuant sa marche, la Lune rentre graduellement dans l'ombre jusqu'au moment où, après un peu plus de sept nouveaux jours, une moitié de son hémisphère a encore une fois disparu ; c'est le *dernier quartier*. Si le plan de l'orbite lunaire était le même que celui de l'écliptique, il y aurait éclipse de lune chaque fois que la Lune serait en opposition, et éclipse de soleil chaque fois qu'elle serait en conjonction ; mais, à cause de l'obliquité du premier plan sur le second, les éclipses ne peuvent avoir lieu que quand la conjonction ou l'opposition a lieu sur le plan même de l'écliptique, c'est-à-dire suivant la ligne des nœuds. Il y a donc *éclipse de lune* quand la Terre se trouve entre la Lune en opposition et le Soleil, sur une ligne droite qui passerait par les trois astres ; *éclipse de soleil*, quand la Lune en conjonction se trouve entre la Terre et le Soleil. Lorsqu'il arrive que les deux disques se trouvent concentriques, il y a *éclipse totale* si le diamètre apparent de la Lune couvre complètement le Soleil. Si ce diamètre apparent est moindre que celui du Soleil, on a le singulier phénomène d'une *éclipse annulaire*, pendant laquelle le bord du Soleil paraît, durant quelques minutes, comme un mince anneau de lumière étincelant de toutes parts autour du cercle obscur occupé par la Lune. S'il n'y a pas éclipse au moment où celle-ci se trouve en conjonction (nouvelle lune), la Terre lui envoie des rayons de la lumière qu'elle reçoit du Soleil, en proportion suffisante pour rendre son disque visible au commencement et au déclin du jour ; c'est ce qu'on appelle la *lumière cendrée* de notre satellite.

L'attraction lunaire a pour effet de produire les *marées* dans l'élément liquide de notre globe. Au moment où la Lune passe au méridien, la mer, étant attirée par elle, s'élève du côté de la Lune au-dessus du niveau du globe. Du côté opposé, au contraire, la masse liquide étant moins attirée que le centre de la Terre, s'en éloigne et forme ainsi une élévation opposée à la première. Ces deux montagnes liquides restant toujours sous la Lune, semblent, par l'effet du mouvement diurne de la Terre, parcourir la surface des mers, et forment chaque jour, sur les rivages, deux *flux* ou *marées montantes*, dans l'intervalle desquels les parties déprimées de la mer donnent lieu à deux *reflux* ou *marées descendantes*. On comprend d'après cela que les marées doivent être plus fortes quand la Lune est à son *périgée* que quand elle se trouve à son *apogée;* et qu'elles seront les plus fortes de toutes quand l'attraction solaire s'unira à l'attraction lunaire au moment des conjonctions et des oppositions. C'est ce qui a lieu en effet. Selon sa position par rapport à la Lune, le Soleil peut donc influer sur la faiblesse ou la grandeur des marées.

S'il y avait des habitants dans la Lune, la Terre leur offrirait l'apparence d'une lune d'un *diamètre* de 2°, éprouvant des *phases* comme notre lune, demeurant *immobile* au même point du ciel, mais éprouvant des mouvements de *libration,* tandis que les étoiles se mouvraient avec lenteur derrière elle et à ses côtés jusqu'à éprouver un déplacement complet et se retrouver au même point après une année terrestre, composée de douze années lunaires environ. La Terre leur paraîtrait couverte de taches variables et de zones correspondantes à nos vents alizés. Il est douteux qu'au milieu des variations de notre atmosphère, ils pussent discerner la configuration de nos continents et de nos mers.

Le CALENDRIER a pour objet la division du temps et les règles suivant lesquelles s'exécute cette division. Il dérive du mot *calendæ,* par lequel les Romains désignaient le premier jour de chaque mois. On distingue d'abord une période de sept jours, créée par les Anciens en l'honneur des sept planètes dont ils portent encore le nom, à l'exception du dimanche, et que nous appelons *semaine.* On créa ensuite *une année* de dix mois lunaires seulement, année que les Romains attribuèrent à Romulus (mars, avril, mai, juin, quintile, sextile, septembre, octobre, novembre, décembre). Mais on s'aperçut bientôt du dérangement qu'une telle année produisait dans les saisons, et Numa, dit-on, y suppléa en ajoutant avant le premier mois deux mois nouveaux, janvier et février. C'est pour cela que nos quatre derniers mois ne répondent plus au rang qu'ils tiennent, puisqu'ils signifient septième, huitième, neuvième et dixième, et qu'ils sont devenus, en réalité, les 9e 10e 11e et 12e. Mais cette année même de 12 mois lunaires ne donnait encore que 354 jours au lieu de 365 dont se compose l'année solaire, et, au bout d'un certain temps, on se retrouva dans les plus grands écarts relativement aux saisons. Pour y remédier, on intercala d'abord un 13e mois lunaire de 30 jours après trois années solaires ; mais pendant ce temps la différence était en réalité de 33 jours, ce qui faisait encore 3 jours de différence. On dut donc encore recourir à une période plus exacte ; et comme, après huit années de douze mois lunaires, il s'est écoulé huit années solaires moins 90 jours, on fit de ceux-ci trois mois lunaires de 30 jours, que l'on intercala dans les huit années solaires, système que les Grecs employèrent sous le nom d'*octoétérides.* Cependant, même alors, on avait négligé des fractions dont l'accumulation, après un long laps de temps, produisit encore de grandes discordances. L'athénien Méton, 430 ans avant notre ère, imagina, pour y suppléer, la célèbre période *ennéadécaétéride*, ou *cycle d'or*, de 19 années solaires qui font, comme nous l'avons vu, 235 lunaisons, à deux heures près. Ces 235 lunaisons étaient divisées en 110 mois *caves* ou de 29 jours seulement, et 125 mois *pleins* ou de 30 jours ; mais, ainsi répartis, ils n'amenaient plus la coïncidence avec la fin de la 19e année solaire qu'à 10 heures près, irrégularité que Gallippe et Hipparque tentèrent de corriger sans pouvoir faire adopter leurs réformes.

Les Egyptiens, à cette époque, employaient déjà depuis longtemps l'année solaire de 365 jours sans fraction ; mais le quart de jour négligé produisait 365 jours ou une année en 1460 années solaires ; pour réformer l'erreur, on ajoutait donc une année, et la grande période de 1461 années civiles s'appelait *année sothiaque*, après laquelle l'année civile et l'année astronomique recommençaient à la même date. Dans le cours de cette période, le premier jour de l'année civile rétrogradait d'un jour tous les quatre ans et parcourait ainsi toutes les dates des saisons, des mois et de l'année.

Les Romains, au contraire, avaient cherché à rétablir l'équilibre entre les années lunaires et les années solaires en intercalant un certain nombre de jours dans les premières ; mais les pontifes s'en acquittèrent si mal, que, du temps de *Jules César*, le commencement de l'année civile était en avance de 67 jours sur l'année astronomique. Par l'ordre du célèbre dictateur, l'astronome grec *Sosigènes*, 45 ans avant notre ère, commença par ajouter à l'année courante le supplément nécessaire pour la mettre d'accord avec le mouvement du soleil ; puis il établit qu'à l'avenir l'année se composerait de 365 jours, et que, pour tenir compte du quart de jour dont l'année réelle dépasse ce nombre, on ajouterait un jour à chaque quatrième année, qui recevrait le nom de *bissextile*. C'est en cela que consiste la réforme *Julienne*, qui faisait une année de 365 jours, 6 heures.

Mais cette valeur était trop grande de 11 minutes 10 secondes, ce qui donne un jour en 129 ans ; de sorte qu'en 1580, l'équinoxe civile était en retard de 10 jours sur l'equinoxe réelle, ce qui exigeait une nouvelle réforme. Grégoire XIII l'entreprit, commença par supprimer les dix jours dans le calendrier civil et fit compter le 15 octobre au lendemain du 4 de ce mois. On conserva le système des bissextiles, mais en supprimant 3 jours bissextils tous les 400 ans. Cette réforme, qui faisait disparaître à peu de chose près les erreurs de la réforme Julienne, prit le nom de *Grégorienne*. Elle n'amène qu'un jour d'erreur en 40 siècles. Dans les calendriers construits de cette manière, on représente par une lettre spéciale les jours qui désignent le dimanche pour toute l'année ; c'est cette lettre qu'on appelle *dominicale*, (de *dies dominica*, dimanche). Cette lettre change d'une année à l'autre, parce que l'année se compose de 52 semaines plus un jour, et que l'ordre des lettres dominicales ne redevient le même que toutes les 28 années, période qui a reçu le titre de *cycle solaire*. D'un autre côté, l'année lunaire n'étant que de 354 jours, il s'ensuit qu'à la fin de l'année commune, l'année se trouve avoir 11 jours de plus qu'elle n'avait l'année précédente à la même époque ; 22, la seconde ; 33, la troisième, et ainsi de suite. Or, on appelle *Epacte* ou *âge de la Lune*, le nombre de jours dont la dernière nouvelle lune d'une année précède le commencement de l'année suivante, en ayant soin d'intercaler un mois de 30 jours chaque fois que la progression atteint ce nombre. Ainsi, si le cycle avait commencé comme précédemment, la troisième année, l'âge de la Lune serait de 33 moins 30, ou trois jours. Au bout de la quatrième on aurait 14, 25 la cinquième, 36 la sixième, et l'âge de la Lune serait de six jours. Ceci sert à la détermination des fêtes mobiles, qui font la base du calendrier ecclésiastique.

§ VIII.

Mars.

Mars est la première planète supérieure à la Terre. Son *diamètre*, de 1,899 lieues, est un peu plus grand que la moitié de celui de notre globe, et son volume est six fois plus petit. Située à 53 millions de lieues du Soleil, sa distance moyenne à cet astre est une fois et demie celle de la Terre. Il s'ensuit que la lumière et la chaleur n'y doivent être que les 4/9 de celles que nous éprouvons. Sa révolution journalière sur son axe, de 24 heures 40 minutes, est un peu plus lente que celle de la Terre ; sa révolution annuelle autour du Soleil, de 687 jours terrestres, l'est beaucoup plus. Sa vitesse est de 337 lieues par minute. Cette planète a une lumière obscure et rougeâtre, qui indique sans doute la teinte ocreuse de son sol. On y voit très-distinctement des contours qui peuvent séparer des continents et des mers, des taches d'une grandeur très-étendue qui paraissent et se détruisent, tantôt en quelques mois, tantôt en plusieurs années. Ses pôles surtout semblent être entourés de calottes glacées, qui fondraient lorsqu'elles sont exposées à l'action plus directe des rayons solaires. On y distingue aussi des bandes et des filets perpendiculaires à son axe. Elle ne paraît pas même être dépourvue d'une atmosphère fort rare, et de nuages. Ses phases ne lui donnent pas la forme d'un croissant, mais celle d'un ovale plus allongé, apparence qui ne cesse d'augmenter avec la distance des planètes au soleil. Cette planète, ne pouvant plus passer entre la Terre et le Soleil, ne saurait avoir qu'une *opposition* et une *conjonction*.

§ IX.

Astéroïdes.

On connaît déjà 62 astéroïdes, et leur nombre ne cesse de croître d'année en année. Ces planètes sont si petites, qu'elles sont presque imperceptibles et tout à fait invisibles sans télescope. Elles n'ont commencé à être découvertes que depuis ce siècle : la première, Cérès, en 1801, par Piazzi ; la seconde,

Pallas, en 1802, par Obers; la troisième, Junon, en 1804, par Harding; la quatrième, Vesta, en 1807, par Olbers; les 58 autres presque de nos jours, par divers observateurs. Les quatre premières sont éloignées du Soleil, Vesta de 80,342,000 lieues, Junon de 90,780,000, Cérès de 94,078,000, Pallas de 94,112,000. Leurs révolutions annuelles sont d'un peu plus ou un peu moins de quatre ans et demi de notre terre. Leur petitesse et leur éloignement les rendent très-difficiles à observer. Quelques-unes paraissent enveloppées d'une vaste atmosphère qui, dans certain temps, se condense à la surface jusqu'à disparaître pour les laisser briller du plus vif éclat. Elles semblent n'être que les parties isolées d'une nébuleuse qui n'est pas parvenue à se condenser en un noyau unique, ou les éclats d'une planète qui se serait brisée sous l'action de secousses inconnues.

§ X.

Jupiter et ses satellites.

Son *diamètre* de 31,111 lieues, est environ douze fois plus grand que celui de la Terre, ce qui *éloigne* la planète, vu sa parallaxe, de 181 millions de lieues du Soleil, un peu plus de cinq fois la distance de notre globe, qu'elle surpasse d'environ treize cents fois par son *volume*. Elle tourne sur elle-même en 10 heures et quelques minutes; autour du Soleil à peu près en 12 ans (4332 j., 14 h., 3'). Sa vitesse est de 182 lieues par minute. La lumière et la chaleur y sont 27 fois moindres que sur notre globe. Cette planète est remarquable par la vivacité de son éclat, quoique sa lumière paraisse blanche et moins brillante que celle de Vénus à cause de son éloignement. Son disque laisse toujours apercevoir des bandes qui varient de grandeur et de position, mais qui sont généralement parallèles à son équateur. Ces mouvements, de même que ceux des taches semblables à des nuages qui se meuvent avec une vitesse triple de celle de nos plus forts ouragans, indiquent l'existence d'une atmosphère sillonnée par des tempêtes et des courants analogues à nos vents alizés. Les *phases* de Jupiter sont à peu près insensibles pour nous à cause de son éloignement ; à plus forte raison en est-il ainsi des planètes suivantes. Les orbites de ses *quatre satellites* coïncident presque exactement avec l'équateur de la planète, et tous tournent d'occident en orient. Quand un d'eux passe entre Jupiter et le Soleil, il projette sur la planète une ombre pareille à un point noir. Quand, au contraire, il passe en conjonction, il arrive souvent qu'il entre dans le cône d'ombre qu'elle projette derrière elle, et alors il s'éclipse et ne redevient visible qu'au bout de quelque temps. C'est le mouvement de ces satellites autour de leur planète, qui a fourni le moyen de calculer la vitesse de la lumière.

§ XI.

Saturne, ses satellites et son anneau.

Saturne offre un diamètre de 28,594 lieues, c'est-à-dire un peu plus petit que celui de Jupiter. Son volume est environ 900 fois plus gros que celui de la Terre. Sa distance au Soleil, de 331,604,500 lieues, est neuf fois et demie celle de la Terre; par conséquent la lumière et la chaleur de cet astre doivent y être 90 fois moindres que sur notre globe. Il tourne sur lui-même en 10 heures et quelques minutes, et autour du Soleil en 10,758 jours, ou près de trente ans. Sa vitesse est de 134 lieues par minute. A raison de sa distance, il ne nous envoie qu'une lumière pâle et plombée. On aperçoit à sa surface une série de bandes perpendiculaires à son axe, et analogues à celles de Jupiter. La surface de son anneau porte aussi des bandes obscures qui le partagent en cinq anneaux concentriques. Cet anneau se montre à nous comme une couronne lumineuse, large, mince, qui, dans certains temps, environne la planète, et qui laisse un espace vide entre les deux corps. Cette espèce de couronne se rétrécit peu à peu et finit par disparaître pendant quelque temps, après lequel l'anneau se remontre sous l'aspect d'un trait de lumière, puis acquiert plus de largeur et revient à ses premières dimensions pour recommencer à décroître encore, ce qui indique qu'il tourne comme un satellite autour de sa planète; il met quinze ans à cette révolution. La largeur de cet anneau est à peu près le tiers de celle de Saturne (9533 lieues), son épaisseur de 1,500 lieues, et son volume quintuple de celui de la Terre. L'espace compris entre lui et sa planète est à peu près égal à sa largeur. Ajoutons que Saturne a sept satellites, qui offrent des apparences à peu près semblables à ceux de Jupiter.

§ XII.

Uranus et ses satellites.

Uranus a un diamètre de 12,750 lieues, à peu près quatre fois et demie celui de la Terre. Son volume est environ deux cents fois celui de notre globe. Sa distance au Soleil est de 19 fois et demie celle de la Terre, c'est-à-dire environ 660 millions de lieues. La chaleur et la lumière doivent donc y être 400 fois moindres que pour nous. On n'a pu encore calculer la durée de sa révolution journalière ; mais sa révolution autour du Soleil s'exécute à peu près en 84 de nos années. Sa vitesse est donc de 95 heures par minute. Cette planète ne nous apparaît que comme un petit disque rond, d'un éclat uniforme, sans anneau, sans bandes ni taches discernables. Son fort aplatissement indique une rotation très-rapide de cet astre sur lui-même. Il possède six satellites découverts par Herschell ainsi que la planète, mais dont 4 seulement ont été retrouvés par ses successeurs. Ces satellites sont tous caractérisés par une circonstance singulière : ils se meuvent d'orient en occident, contrairement à toutes les planètes et à tous les satellites du système solaire. Leurs orbites sont à peu près circulaires et font un angle peu éloigné de l'angle droit avec le plan de l'écliptique, phénomène qui ne se retrouve non plus dans aucun autre satellite. Tout paraît donc indiquer qu'une grande perturbation, étrangère au système, et dont la cause est encore inconnue, est venue, dans ce cas, troubler l'harmonie universelle.

§ XIII.

Neptune.

La découverte de cette planète est la plus brillante et la plus magnifique vérification de la théorie newtonienne, la plus admirable conquête de l'analyse que la science astronomique ait jamais faite. La découverte de toutes les autres planètes est un peu le résultat du hasard; mais ici il n'entre pour rien. Les perturbations éprouvées par Uranus étaient trop considérables pour pouvoir être attribuées à Saturne et à Jupiter, les savants en conclurent qu'elles étaient dues à une cause étrangère, et Leverrier arriva, par le seul calcul de ces perturbations, à désigner la place où se trouvait la cause qui les produisait. Le jour même où Galle reçut ces indications à Berlin, il se mit à la recherche de la cause indiquée, et découvrit effectivement, au lieu désigné, une planète qui reçut le nom de Neptune. Sa distance moyenne au Soleil est trente fois plus grande que celle de la Terre, c'est-à-dire 460 millions de myriamètres, et la durée de sa révolution est de 60,000 jours environ. Lassel a découvert à Neptune deux satellites; mais Struve et les autres observateurs n'en ont encore retrouvé qu'un seul.

—

§ XIV.

Des comètes et des nébuleuses.

Les *comètes* sont des astres opaques qui tournent autour du Soleil comme les planètes, mais dans des ellipses extrêmement allongées. Il y en a de si petites, qu'elles sont à peine visibles au télescope ; d'autres qui sont très-grandes et brillent d'un éclat extraordinaire. La plupart sont accompagnées d'une *queue* ou *chevelure lumineuse*, dont la direction est toujours opposée à celle de leur mouvement autour du Soleil. Elles diffèrent des planètes par la nature et par la direction de leurs mouvements réels ; les unes vont d'orient en occident, d'autres d'occident en orient, d'autres du midi au nord ou du nord au midi, et leurs orbites ont une inclinaison sur l'écliptique qui peut aller depuis zéro jusqu'à 90 degrés. Elles offrent des différences analogues dans leurs distances au Soleil. Il en est qui demeurent toujours très-éloignées de cet astre ; d'autres qui, à leur périhélie, s'en rapprochent plus qu'aucune planète. La longueur de leur ellipse fait que nous ne les revoyons qu'après de grands intervalles ; plusieurs même n'ont jamais reparu. Quelques-unes perdent leurs queues en passant près du Soleil. Celles-ci ne paraissent être que des vapeurs ou une matière cosmique très-diffuse, très-peu condensée ; et c'est d'elle que proviendrait la *lumière zodiacale* que l'on voit souvent autour du Soleil, et qui parfois s'étend en zone immense jusqu'au-delà de Mercure et de Vénus. Quant aux *nébuleuses*, elles ne paraissent être que d'immenses amas de matière cosmique de plusieurs milliards de lieues d'étendue, et dans lesquelles s'organisent des systèmes d'étoiles ou solaires. Dans les unes, on aperçoit des étoiles ou noyaux déjà tout formés ; dans d'autres, des zones annulaires et planétaires parfaitement caractéristiques et reconnaissables.

§ XV.

Notions cosmogoniques.

La *Cosmogonie* est une science qui s'occupe du mode de naissance et de formation de l'univers.

Primitivement, suivant la théorie la plus probable, les éléments des corps furent créés isolés les uns des autres et diffusément répandus dans l'espace. Ce sont ces éléments primitifs que les astronomes appellent *matière cosmique*. Les uns conçoivent ces éléments comme des *atomes* étendus, sphériques ou prismatiques, mais insécables ; les autres, avec plus de raison, les regardent comme de simples *dynamies*, c'est-à-dire des forces ou activités attractives, sans étendue, mais mutuellement impénétrables. L'*attraction*, les unissant sans les confondre, en forme des *corps résistants et étendus*, par suite de leur impossibilité d'être pénétrés par d'autres corps.

Les *noyaux cosmiques* sont les premières réunions d'éléments qui se sont formées en vertu des lois de l'attraction, qui constituent l'essence même des dynamies. Mais le mouvement n'a pu exister dans la masse entière sans faire éprouver à chaque molécule primitive des oscillations variées, par suite des myriades d'attractions diverses qui les sollicitaient. Cependant la masse attractive principale l'emportant, ces molécules se murent nécessairement dans une direction prédominante qui, étant contre-balancée par les autres influences, leur imprima en même temps un mouvement de rotation sur elles-mêmes, tant qu'elles ne furent pas agrégées à la première masse condensée qui constitua les étoiles ou soleils.

Le *noyau central*, se mouvant donc sur lui-même, communiqua une impulsion analogue à la matière cosmique, mouvement qui s'étendit de proche en proche jusqu'à une immense étendue. Dans notre système, cet espace n'embrasse pas moins de plusieurs billions de lieues. Il en résulta deux effets : l'un, de faire tourner toute la masse cosmique autour du noyau central; l'autre, de la condenser de plus en plus en l'attirant toujours davantage vers le centre. Il est évident qu'alors la *forme* de chacune de ces masses gazeuses dut devenir celle d'un sphéroïde, c'est-à-dire d'une boule immense très-aplatie vers les pôles, et s'étendant jusqu'aux dernières limites de la matière cosmique où l'attraction de ce noyau exerçait son influence. La *vitesse de révolution* de la matière cosmique sur l'axe central devenait d'autant plus rapide, que la matière diminuait davantage d'étendue en se condensant de plus en plus vers le centre; mais aussi le sphéroïde s'aplatissait d'autant plus fortement vers les pôles. L'*accélération de la vitesse de rotation* dans cette masse de gaz étant d'autant plus grande, que la matière cosmique était plus condensée et plus rapprochée du noyau central, il en résulta que la matière la plus rapprochée du centre dut bientôt se détacher du reste de la masse et tourner plus rapidement. Une *première zone annulaire* fut ainsi formée autour du noyau primitif, et, dans notre système planétaire, cette zone, en achevant de se condenser, forma le Soleil. Une *seconde zone* annulaire ne tarda pas à se former pour les mêmes raisons dans la partie de la matière cosmique la plus rapprochée du noyau central. La force avec laquelle tournaient les matières renfermées dans cette zone, tendait à les éloigner du centre primitif où les attirait la force d'attraction, et ces deux forces, étant aussi puissantes l'une que l'autre, se neutralisèrent et se firent équilibre. Mais la *force d'attraction des diverses parties* de la matière de cette zone, finissant, à la longue, par y former un point plus dense que les autres, celui-ci, par les mêmes raisons que pour le noyau central, commença par tourner sur lui-même et par réunir toute la matière de la zone dans son attraction, formant au lieu d'un anneau un nouveau *sphéroïde,* animé, cette fois, de deux mouvements, un sur lui-même, l'autre autour du Soleil. Cette *matière sphéroïdale,* en se condensant, forma *Mercure.* Les zones annulaires des diverses autres planètes se formèrent de même, ainsi que leurs noyaux. Mais autour de ceux-ci, des *anneaux secondaires* s'organisèrent à leur tour dans plusieurs d'entre elles, surtout dans les plus éloignées où l'attraction centrale se faisait moins sentir, et c'est de ces anneaux que proviennent les satellites des planètes. Dans la planète Saturne, un de ces anneaux s'est condensé dans son entier, sans former de satellites. Quant à la matière qui se trouvait équilibrée par l'attraction entre deux soleils, elle a dû aussi se condenser en astres dans cette région ; ces astres, dérangés de leur équilibre par les perturbations exercées sur eux par les deux systèmes planétaires, ont été attirés dans l'attraction de l'un d'eux avec la rapidité croissante de la pensée, avant d'avoir été complètement organisés. Ce sont les *comètes*, dont l'ellipse plus allongée s'explique ainsi très-facilement; et c'est à une cause analogue que les planètes d'Uranus doivent sans doute leur origine. On conçoit que, dans l'intervalle des planètes, par l'action de ces mêmes perturbations qui devaient être considérables lorsque la matière était encore gazeuse, une foule de particules de matière cosmique ont pu se détacher de la masse principale ; ce sont les *aérolithes*, qui tournent autour du Soleil, et qui, s'enflammant en passant par notre atmosphère, forment les *étoiles filantes*, lesquelles parfois, entraînées par l'attraction terrestre, tombent sur notre globe. Chaque étoile aurait de même produit ses planètes et ses comètes, et chaque planète pourrait avoir des satellites ou en être dépourvue. Il peut donc exister des millions d'autres systèmes du monde semblables au nôtre, et parmi lesquels l'immensité de celui-ci, qui épouvante déjà les plus vigoureuses imaginations, ne serait qu'un point imperceptible relativement au tout.

—

§ XVI.

Notions géogéniques.

La *géogénie* est la science qui s'occupe plus particulièrement de la formation de la Terre.

L'*histoire de la formation de la Terre* ne commence qu'au moment où elle prit, dans sa zone annulaire, la forme d'un sphéroïde, entouré lui-même d'une zone qui était destinée à produire la Lune, son satellite.

L'*incandescence* ou état de fusion ignée du noyau primitif de la Terre, dut nécessairement provenir des affinités chimiques qui ne se manifestent jamais sans dégagement de chaleur. Cette chaleur centrale de notre globe dut être prodigieuse à l'origine, puisque le calcul démontre que maintenant encore la matière fondue qui se trouve au centre de la Terre a une chaleur au moins cinquante fois plus intense que celle du fer en liquéfaction dans les fournaises. C'est dans ces premiers temps que les matières les plus pesantes descendirent jusqu'au centre du globe; puis vinrent celles qui l'étaient de moins en moins jusqu'à la surface.

Le *refroidissement graduel* du globe terrestre par le dégagement de cette chaleur rayonnant dans l'espace, dut, à la suite d'une innombrable série de siècles, devenir tel que les matières les plus difficiles à fondre ne purent plus rester à l'état liquide, et une première pellicule solide commença à se former à sa surface.

La *zone d'air et de vapeur d'eau* qui forme encore

notre atmosphère actuelle, s'étendait alors brûlante et bouillonnante à plus de trois cent mille lieues de la Terre, et était le théâtre d'orages, d'éclairs et de retentissements de foudre terribles et continuels.

Pendant une *première période*, la croûte terrestre, toujours à la température rouge, était continuellement brisée et disloquée par les bouleversements intérieurs de l'immense fournaise qui bouillonnait sous elle, et par les éruptions fulminantes des gaz, comme il arrive encore aujourd'hui pendant nos tremblements de terre et nos éruptions volcaniques, qui proviennent de la même cause. Mais alors l'énergie de ces phénomènes était centuplée par l'état même de notre globe. Des siècles et des siècles s'écoulèrent avant que tous ces fragments brisés, mêlés, tordus, refondus, soulevés et accumulés de mille manières, eussent pris assez de consistance pour constituer une couche solide sur toute la surface de la planète. De plus, cette enveloppe devait être raboteuse, boursoufflée, crevassée de mille façons, et souvent submergée sous les flots de matières en fusion que la terre vomissait de ses entrailles. C'est pendant ce temps que se forma le terrain que l'on appelle *Plutonien* ou *Vulcanien*, et qui ne renferme aucune trace d'êtres vivants et organisés, plantes ou animaux.

La *seconde période* commença au moment où, après des milliers de siècles, le refroidissement fut assez considérable pour que les eaux qui, jusqu'alors, étaient restées à l'état de vapeur, pussent se condenser et tomber en pluie. Mais à peine touchaient-elles le sol brûlant, qu'elles remontaient aussitôt vaporisées de nouveau, pour s'élever, sur l'aile des orages, des éclairs et de la foudre, jusqu'aux régions les plus froides de l'atmosphère, accélérant ainsi le refroidissement de la surface qui insensiblement leur permettait de retomber en plus grande quantité, jusqu'au moment où elles purent enfin y séjourner et couvrir de leurs nappes liquides de grandes étendues de terrain. Possédant, à cause de leur degré de chaleur, une puissance corrosive extrême, elles dissolvaient de tous côtés la croûte solidifiée, et, bouillonnantes et agitées, arrachaient, brisaient, roulaient des blocs immenses qu'elles réduisaient en poudre pour les déposer par couches superposées, qui formèrent ainsi les premiers *terrains de sédiment* ou de *stratification*, renfermant des amas de grès, de schistes, d'ardoises, de minerai de fer.

Alors apparaît une *troisième période*. Ces couches, soulevées à leur tour au-dessus des flots, soit par des éruptions volcaniques, soit par suite d'affaissements qui, recevant les eaux dans leurs abîmes, laissaient les autres contrées à sec, commencèrent à se revêtir des premières plantes et des animaux les plus infimes de la création. Insensiblement les plantes, sous la triple action de la chaleur, de la vapeur et de la lumière, acquirent des dimensions prodigieuses. Ces forêts spécialement composées d'acotylédonées, venant tout à coup à s'engloutir sous les flots par suite d'affaissements de la croûte terrestre, furent à leur tour recouvertes de nouvelles couches sédimentaires, et formèrent la *houille*.

Pendant la *quatrième période* s'organisent des terrains nouveaux, spécialement des amas de roches calcaires, de marbres, de plâtre, de craie, de marne, d'argile, de grès et autres minéraux. Ces terrains se subdivisent en trois classes : 1° ceux qui ne renferment encore que des animaux non vertébrés ; 2° ceux qui renferment des vertébrés amphibies seulement, poissons et reptiles ; 3° ceux qui renferment des vertébrés exclusivement terrestres, tels que oiseaux et quadrupèdes.

Au-dessus de ces terrains sédimentaires, viennent les *terrains d'alluvion,* tels qu'il s'en forme encore actuellement. Ce sont des amas déposés par les eaux, dont la superficie forme l'humus ou terre végétale. Ils ne renferment que des débris d'êtres actuellement existants.

FIN DE LA COSMOGRAPHIE.

TABLE.

FIN DE LA TABLE.

Tournai, typ. de H. Casterman.

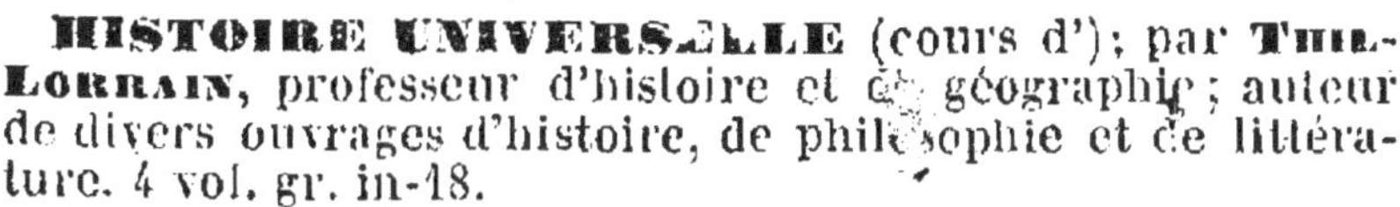

CHEZ LE MÊME ÉDITEUR :

HISTOIRE UNIVERSELLE (cours d'); par **Thil-Lorrain**, professeur d'histoire et de géographie ; auteur de divers ouvrages d'histoire, de philosophie et de littérature. 4 vol. gr. in-18.

I. **Histoire ancienne**. Période de l'Enfance des peuples, commençant à l'origine du monde, et finissant à l'invasion des barbares, (5,000 ans avant Jésus-Christ. — 400 après Jésus-Christ). In-18. Br. toile anglaise.

II. **Histoire du moyen âge** ou de l'âge chrétien. Période des invasions, commençant à l'invasion de l'empire romain par les Goths et finissant à l'invasion des Indes orientales et occidentales par les Européens (400-1500). In-18. Br. toile anglaise

III. (A) **Histoire moderne**, période de transition entre l'âge d'adolescence et l'âge viril de l'humanité, commençant avec la réformation et le siècle de Léon X, et finissant à la révolution française (1500-1789) — (B) **Histoire contemporaine**, ou l'âge viril de l'humanité, commençant à la révolution française, et devant se continuer dans les siècles ultérieurs. In-18. Br. toile anglaise.

IV. { **Histoire de France.** (*Sous presse.*)
Histoire de Belgique. 450 p. Br. toile anglaise.

V. **Géographie historique**, depuis les temps reculés jusqu'à nos jours. 284 p. Br. toile anglaise.

AUTRES OUVRAGES DE M. THIL-LORRAIN.

Géographie détaillée de l'Europe, comprenant des précis de cosmographie, la géographie comparée du globe, et la géographie astronomique, physique, politique, ethnographique de l'Europe. In-18, d'environ 400 p. Br. toile angl. (*Sous presse.*)

Biographies des personnages les plus remarquables de l'**Histoire ancienne**, rédigées d'après le programme du gouvernement pour les maisons d'éducation et tous les établissements d'instruction moyenne du degré inférieur. In-18, 76 p. Broché toile.

Biographies de l'**Histoire du moyen âge** et de l'**histoire moderne**. In-18, 116 p. Broché toile.

Précis de Géographie moderne, à l'usage des écoles primaires et des classes inférieures des écoles moyennes et des athénées. In-18, 94 p. Broché toile.

[illegible] (1613-1614), par [illegible] d'Inde [illegible] au Dauphin [illegible] ouvrages historiques et politiques [illegible] in-4.

[illegible] Remarques [illegible] et [illegible] des pays [illegible] Pondichéry avant [illegible] avec [illegible], in-4.

[illegible]

[illegible] (Paris, 1830).

[illegible]

[illegible]

[illegible]

[illegible] pour les [illegible] de [illegible] Paris, 1838, in-8.

[illegible] in-4, 110 p. [illegible]

[illegible] des gentils [illegible]

www.ingramcontent.com/pod-product-compliance
Lightning Source LLC
LaVergne TN
LVHW012011160826
845678LV00002B/770

* 9 7 8 2 3 2 9 6 6 3 9 3 7 *